INTRODUÇÃO AO CÁLCULO DIFERENCIAL

Daniel Carlos da Silva

Sumário

Introdução:

A matemática se faz da resolução de problemas. Com isso quero dizer que o processo de solução de um problema matemático muitas vezes se utiliza da criação de ferramentas novas para chegar a solução. O cálculo diferencial é um efeito longo do problema de determinação das retas tangentes à curvas. O problema se tornou tanto geométrico como cinemático e filósofos naturais do século XVII e XVIII atuaram com pioneirismo na criação de ferramentas que simbolizam o movimento de variáveis infinitesimais. Esse é o papel dos limites de uma função. Nesse sentido, armados com a ferramenta do limite, esses filósofos/matemáticos obtiveram a inclinação da reta tangente como o limite da inclinação de uma reta secante, aproximando dois pontos que intersectam uma curva dada. Em terminologia matemática, vamos partir da inclinação de uma reta secante a uma curva nos pontos

$$\big(x, f(x)\big) \; e \; \big(a, f(a)\big)$$

Então, a inclinação da reta secante é dada por

$$m_s = \frac{f(x) - f(a)}{x - a}$$

A medida que procedemos com a aproximação entre as abcissas x e a, as ordenadas f(x) e f(a) também se aproximam. Assim, o ponto de abcissa variável x se aproxima do ponto de abcissa a. E escrevemos

$$\big(x, f(x)\big) \to \big(a, f(a)\big)$$

O limite desse processo significa geometricamente que o ponto de abcissa variável x coincide com o ponto de abcissa a. E, assim, temos a inclinação da reta tangente no ponto de abcissa a. Algebricamente, simbolizamos essa operação como

$$m = \lim_{x \to a} m_s = \lim_{x \to a} \frac{f(x) - f(a)}{x - a}$$

A descrição do movimento é intrínseca aos fundamentos do cálculo diferencial. É preciso mentalizar, em ciências naturais, principalmente na física, que o movimento é sinônimo de velocidade. Assim, o problema físico-matemático dos séculos XVII e XVIII era a determinação da intensidade da velocidade em um intervalo de tempo cada vez mais curto, isto é, a determinação da intensidade de uma velocidade infinitesimal. Não é de se exagerar quando alguém fala que o problema dos infinitesimais abalou até a política dos séculos XVII e XVIII. Realmente houve uma disputa de como se fazer a matemática. De um lado, jesuítas e defensores da geometria euclidiana. Do outro, Galileu Galilei(1564-1642) e seus seguidores na Itália, com o novo método dos infinitesimais. Apesar dos infinitesimais terem perdido essa guerra na Itália, as mesmas ideias acenderam nas mentes inglesas. Sob a liderança de John Wallis(1616-1703), os infinitesimais reacenderam na Inglaterra e influenciaram diretamente Isaac Newton(1643-1727). Em seu "método das fluxões", Newton cria o cálculo diferencial elaborando a ideia dos infinitesimais e aplica seus métodos as leis do movimento. Assim, sendo a velocidade uma taxa de variação temporal, análoga a taxa de variação que nos permite determinar a inclinação da reta secante, Newton nos ensinou que a velocidade instantânea é o limite de uma taxa temporal média. Algebricamente, podemos expressar essa taxa temporal média como sendo

$$v_{média} = \frac{\Delta x}{\Delta t}$$

Portanto, a velocidade instantânea é o limite dessa taxa média quando o intervalo de tempo tende a zero, e podemos escrevê-la na forma

$$v = \lim_{\Delta t \to 0} v_{média} = \lim_{\Delta t \to 0} \frac{\Delta x}{\Delta t}$$

Em suma, o cálculo diferencial teve um fator principal de impulsão: O problema das quantidades infinitesimais. E esse problema fora materializado em problemas geométricos, em que se destaca o problema da reta tangente.

Exercícios

1) Dado a reta secante aos pontos (x,x^2) e (b,b^2), expresse a inclinação da reta tangente no ponto de abcissa b em termos do limite.

2) Dado a reta secante aos pontos (2,8) e (x,x^3), expresse a inclinação da reta tangente no ponto de abcissa 2 em termos do limite.

3) Considere uma partícula em movimento unidimensional ao longo no eixo x. Suponhamos que em t=1 ela esteja na posição x(1)=5 e que depois de t segundos sua posição seja x(t). Qual é a expressão para velocidade média dessa partícula nesse intervalo de tempo?

4) Expresse a velocidade média encontrada no exercício anterior em termos do limite.

Capítulo 1: Limites

1.1 Definição intuitiva de limite

Durante a introdução deste livro utilizamos o conceito de limite com uma abordagem intuitiva e sem definição precedente. Acontece que em matemática as coisas não funcionam dessa maneira. Mesmo que o limite seja um conceito fisicamente intuitivo, os conceitos matemáticos exigem, desde os tempos de David Hilbert(1862-1943), um rigor metodológico. Nesse sentido, iremos alçar uma definição de limite correspondente ao rigor matemático. Mas para compreensão da definição à rigor, tentemos, primeiramente, digerir algo mais intuitivo.

Suponha que a ordenada f(x) seja definida quando está próxima da abcissa a. Então podemos escrever que

$$\lim_{x \to a} f(x) = \gamma$$

Lemos essa álgebra assim: O limite da ordenada f(x), quando a abcissa variável x se aproxima da abcissa a, é igual a γ.

Isso se pudermos aproximar arbitrariamente f(x) de γ, quando aproximamos arbitrariamente x de a.

1.2 Limites laterais

Seguindo a definição intuitiva de limite, podemos perceber um fato geométrico: Dado um ponto fixo sobre uma curva suave, podemos nos aproximar arbitrariamente desse ponto tanto pelo lado esquerdo da curva, como pelo lado direito. Isso, no fundo, significa que a existência de um limite está condicionada a existência de limites laterais.

O limite da ordenada f(x) quando a abcissa variável x se aproxima da abcissa a pela esquerda é escrito algebricamente como:

$$\lim_{x \to a^-} f(x) = \gamma$$

A isso denominamos limite lateral a esquerda.

O limite da ordenada f(x) quando a abcissa variável x se aproxima da abcissa a pela direita é escrito algebricamente como:

$$\lim_{x \to a^+} f(x) = \gamma$$

A isso denominamos limite lateral a direita.

1.3 Condição de existência do limite

A definição de limites laterais é importante para estabelecer uma lógica de existência para o limite de uma função. Imaginemos a situação. Dada uma função f(x) iremos aproximar a abcissa variável x de um ponto *a* pela esquerda e pela direita. Se o ponto arbitrariamente próximo de *a* pela esquerda for diferente do ponto arbitrariamente próximo de *a* pela direita, isso só pode representar uma descontinuidade na função. Logo, o limite não existe. Portanto, resumimos a condição de existência do limite a igualdade entre os limites laterais. E escrevemos isso algebricamente na seguinte forma

$$\lim_{x \to a} f(x) = \gamma$$

Se, e somente se

$$\lim_{x \to a^-} f(x) = \lim_{x \to a^+} f(x) = \gamma$$

1.4 Limites infinitos

Existem casos de curvas em que, quando aproximamos arbitrariamente a variável independente x de um de uma abcissa a, obtemos uma divergência. Essa divergência se caracteriza com o valor do limite "explodindo" para um valor arbitrariamente grande, ou um valor arbitrariamente pequeno. Algebricamente, representamos essa situação do seguinte modo

$$quando\ x \to a, então\ f(x) \to \pm\infty$$

Neste caso, o símbolo de $+\infty$ denota um número arbitrariamente grande, enquanto $-\infty$ denota um número arbitrariamente pequeno.

No entanto, a abcissa variável x pode se aproximar da abcissa *a* pela direita ou pela esquerda. Então, a divergência pode ocorrer à esquerda de a, à direita de *a* ou de ambos os lados. Para cada uma dessas três situações, existem dois casos de divergência: Para "mais infinito" ou "menos infinito". Utilizando-se do princípio fundamental da contagem, podemos definir o número *n* de possibilidades de "limites no infinito".

$$n = 3 * 2 = 6$$

Logo, existem 6 definições distintas para limites no infinito. A seguir iremos lista-las.

Dado uma função f(x), se a medida que a abcissa variável *x* se aproxima da abcissa a, a ordenada f(x) divergir para um número arbitrariamente grande, então escrevemos que

$$\lim_{x \to a} f(x) = \infty$$

Isto é, o limite de f(x) quando x se aproxima de a é "infinitamente grande".

Dado uma função f(x), se a medida que a abcissa variável x se aproxima da abcissa *a* pela direita, a ordenada f(x) divergir para um número arbitrariamente grande, então escrevemos que

$$\lim_{x \to a^+} f(x) = \infty$$

Isto é, o limite de f(x) quando x se aproxima de *a* pela direita é "infinitamente grande"

Dado uma função f(x), se a medida que a abcissa variável x se aproxima da abcissa *a* pela esquerda, a ordenada f(x) divergir para um número arbitrariamente grande, então escrevemos que

$$\lim_{x \to a^-} f(x) = \infty$$

Isto é, o limite de f(x) quando x se aproxima de *a* pela esquerda é "infinitamente grande"

Dado uma função f(x), se a medida que a abcissa variável *x* se aproxima da abcissa a, a ordenada f(x) divergir para um número arbitrariamente grande, porém negativo, então escrevemos que

$$\lim_{x \to a} f(x) = -\infty$$

Isto é, o limite de f(x) quando x se aproxima de a é de módulo "infinitamente grande".

Dado uma função f(x), se a medida que a abcissa variável x se aproxima da abcissa *a* pela direita, a ordenada f(x) divergir para um número arbitrariamente grande, porém negativo, então escrevemos que

$$\lim_{x \to a^+} f(x) = -\infty$$

Isto é, o limite de f(x) quando x se aproxima de *a* pela direita é de módulo "infinitamente grande"

Dado uma função f(x), se a medida que a abcissa variável x se aproxima da abcissa *a* pela esquerda, a ordenada f(x) divergir para um número arbitrariamente grande, porém negativo, então escrevemos que

$$\lim_{x \to a^-} f(x) = -\infty$$

Isto é, o limite de f(x) quando x se aproxima de *a* pela esquerda é de módulo "infinitamente grande"

Vale lembrar que essas definições são intuitivamente construídas para facilitar a compreensão, basta reparar que essas definições são mais literárias do que matemáticas. Nas seções posteriores, irei apresenta-las de forma mais rigorosa, utilizando-se de módulo, parâmetros e desigualdades.

1.5 Assíntotas verticais

A assíntota vertical é uma reta tangente (com orientação paralela ao eixo das ordenadas) a um ponto de divergência da função. Logo, dada uma curva f(x) e uma abcissa arbitrária *a*, se ocorrer um dos casos de limites infinitos, digamos na própria abcissa a, então a função f(x) apresenta assíntota vertical em x=a. Portanto, podemos enunciar o seguinte teorema:

Se uma função f(x) apresentar limite infinito em uma abcissa a de seu domínio, então existe uma assíntota vertical no ponto de abcissa a. Tal que, a equação dessa reta assintótica é dada por

$$x = a$$

1.6 Propriedades dos limites

As regras da álgebra também se aplicam a ferramenta do limite. Elas nos auxiliam a calcular limites de funções, de operações entre funções e uma constante e de operações entre funções distintas. A seguir irei lista-las, mas vale ressaltar que a demonstração de cada propriedade está vinculada a definição à rigor de limites. Dadas dois limites existentes e uma constante k, então segue que

O limite de uma soma é a soma dos limites

$$\lim_{x \to a}[f(x) + g(x)] = \lim_{x \to a} f(x) + \lim_{x \to a} g(x)$$

O limite de uma diferença é a diferença dos limites

$$\lim_{x \to a}[f(x) - g(x)] = \lim_{x \to a} f(x) - \lim_{x \to a} g(x)$$

O limite de uma constante multiplicando uma função é a constante multiplicando o limite desta função

$$\lim_{x \to a}[kf(x)] = k \lim_{x \to a} f(x)$$

A propriedade anterior pode ser derivada da propriedade da soma de limites, como demonstraremos a seguir:

$$\lim_{x \to a}[f(x) + f(x) + \cdots + f(x)] = \lim_{x \to a} f(x) + \lim_{x \to a} f(x) + \cdots + \lim_{x \to a} f(x)$$

Se forem somadas k parcelas de f(x), serão somadas k parcelas do limite de f(x). Então, obtemos a propriedade esperada

$$\lim_{x \to a}[kf(x)] = k \lim_{x \to a} f(x)$$

O limite do produto é o produto dos limites

$$\lim_{x \to a}[f(x)g(x)] = \lim_{x \to a} f(x) * \lim_{x \to a} g(x)$$

A partir da propriedade do limite do produto podemos derivar a seguinte propriedade:

$$\lim_{x \to a}[f(x) * f(x) * \dots * f(x)] = \lim_{x \to a} f(x) * \lim_{x \to a} f(x) * \dots * \lim_{x \to a} f(x)$$

Para n fatores de f(x) a equação acima se reduz a expressão seguinte

$$\lim_{x \to a} f^n(x) = [\lim_{x \to a} f(x)]^n$$

Por último, mas não menos importante, temos a propriedade do limite do quociente:

O limite do quociente é o quociente dos limites

$$\lim_{x\to a}\frac{f(x)}{g(x)}=\frac{\lim_{x\to a}f(x)}{\lim_{x\to a}g(x)}\ , para \lim_{x\to a}g(x)\neq 0$$

A aplicação das propriedades listadas acima depende de duas consequências conceituais do limite. São elas:

O limite da constante é a própria constante

$$\lim_{x\to a}k=k$$

O limite da abcissa variável é a abcissa fixa

$$\lim_{x\to a}x=a$$

Essas duas consequências tem uma implicação direta no cálculo do limite de um polinômio, pois podemos definir um polinômio, basicamente, pela seguinte soma de parcelas

$$p(x)=\sum_{n=1}^{n}k_n x^n$$

Logo o limite de p(x) pode ser calculado como

$$\lim_{x\to a}p(x)=\lim_{x\to a}\sum_{n=1}^{n}k_n x^n=\sum_{n=1}^{n}\lim_{x\to a}k_n x^n$$

$$\lim_{x\to a}p(x)=\sum_{n=1}^{n}k_n a^n=p(a)$$

Sendo assim, podemos criar um teorema para representar o limite de um polinômio finito.

Teorema: Dado um polinômio finito p(x) se, $\lim_{x\to a}k=k \quad e \quad \lim_{x\to a}x=a$, então

$$\lim_{x\to a}p(x)=p(a)$$

Existe uma condição gráfica que nos permite determinar o limite de uma função em termos do limite de outras funções. Suponha que as funções f(x), g(x) e h(x) fazem “sanduíche” da função f(x) nas proximidades de um ponto arbitrário de abcissa a. Nessas condições, podemos dizer que o limite de f(x) quando x se aproxima de a é equivalente ao limite de quando g(x) e h(x) se aproximam de a. Esse teorema é chamado de "teorema do confronto", e podemos escrevê-lo algebricamente da seguinte forma:

Teorema do confronto: Dado as funções f(x), g(x) e h(x), se $g(x) \leq f(x) \leq h(x)$ nas proximidades de um ponto arbitrário de abcissa a, então

$$\lim_{x\to a} f(x) = \lim_{x\to a} g(x) = \lim_{x\to a} h(x) = \gamma$$

Exercícios

1) Dado a função $f(x) = e^x + k$, calcule o limite de f(x) para quando x se aproxima arbitrariamente de 0.

2) Dado a função $f(x) = e^x + k$, calcule $\lim_{x\to\infty} f(x)$.

3) Dado a função $f(x) = e^x + k$, calcule $\lim_{x\to -\infty} f(x)$

4) Dado a função $f(x) = \frac{1}{x}$, calcule os limites $\lim_{x\to 0} f(x)$ e $\lim_{x\to\infty} f(x)$

5) Calcule o limite $\lim_{x\to 1} \frac{1-x^2}{1-x}$

6) Calcule o limite $\lim_{x\to\infty} \frac{6x^3+x^2}{x^3}$

7) Dado o polinômio $p(x) = ax^3 + bx^2 + cx + d$ mostre que $\lim_{x\to a} p(x) = p(a)$.

1.7 A definição rigorosa de um limite

A definição precisa do limite de uma função advém da transcrição algébrica de um argumento geométrico. O recurso algébrico utilizado é a noção de intervalos na reta real. Imaginemos a função f(x) como uma curva no plano cartesiano, dado uma abcissa *a,* ela possui um correspondente f(a) no eixo das ordenadas. Então, em torno da abcissa a podemos determinar um intervalo aberto

$$(a - \delta; a + \delta)$$

Se esse intervalo pertencer ao domínio da função f(x), então ele apresenta um intervalo aberto correspondente no eixo das ordenadas. Para uma função crescente, podemos estabelecer as seguintes relações

$$f(a - \delta) = f(a) - \varepsilon$$

E

$$f(a + \delta) = f(a) + \varepsilon$$

Logo, o intervalo correspondente no eixo das ordenadas é dado por:

$$(f(a) - \varepsilon; f(a) + \varepsilon)$$

A ideia chave é: Suponhamos que a abcissa variável x se aproxime arbitrariamente de *a*. Então

$$x \in (a - \delta; a + \delta)$$

Logo, para o limite existir, o intervalo correspondente no eixo das ordenadas deve existir, ou seja,

$$(\gamma - \varepsilon; \gamma + \varepsilon) \quad deve\ existir$$

Agora, podemos enunciar a definição precisa do limite

Dada uma função f(x), definida em um intervalo aberto em torno da abcissa *a*, então dizemos que o limite da ordenada f(x) quando a abcissa variável x se aproxima da abcissa *a* é γ, e escrevemos

$$\lim_{x \to a} f(x) = \gamma$$

Se para todo número $\varepsilon > 0$, existir um número $\delta > 0$, tal que se

$$0 < |x - a| < \delta$$

Então, existe o intervalo correspondente: $|f(x) - \gamma| < \varepsilon$

O recurso de intervalos também pode ser aplicado as definições dos limites laterais para torná-las mais precisas. A ideia é praticamente a mesma. Para o limite lateral a esquerda existe um intervalo $(a - \delta; a)$ que deve corresponder-se a um outro intervalo aberto no eixo das ordenadas, esse intervalo é dado por

$$\big(f(x) - \varepsilon; f(a)\big)$$

Nesse sentido enunciamos a definição

Dado uma função f(x) definida no intervalo aberto $(a - \delta; a)$, o limite de f(x) quando a abcissa variável x se aproxima da abcissa a pela esquerda do intervalo $(a - \delta; a)$ é γ, e escrevemos que

$$\lim_{x \to a^-} f(x) = \gamma$$

Se para todo número $\varepsilon > 0$, existir um outro número $\delta > 0$, tal que se

$a - \delta < x < a$ então $|f(x) - \gamma| < \varepsilon$

Para o limite lateral a direita existe a seguinte correspondência de intervalos

$$(a; a + \delta) \to \quad (f(a); f(a) + \epsilon)$$

Nesse sentido, enunciarei a definição precisa do limite lateral direito.

Dado uma função f(x) definida no intervalo aberto $(a; a + \delta)$, o limite de f(x) quando a abcissa variável x se aproxima da abcissa a pela direita do intervalo $(a; a + \delta)$ é γ, e escrevemos que

$$\lim_{x \to a^+} f(x) = \gamma$$

Se para todo número $\varepsilon > 0$, existir um outro número $\delta > 0$, tal que se

$a < x < a + \delta$ então $|f(x) - \gamma| < \varepsilon$

Ainda nos resta a definição precisa para o caso de divergência do limite: o limite no infinito. Aqui a ideia é ligeiramente diferente. Primeiramente, estabelecemos um intervalo aberto em torno da abcissa a, como feito anteriormente

$$(a - \delta; a + \delta)$$

Logo depois, para demonstrar a divergência do valor de f(x), traçamos duas retas paralelas ao eixo das abcissas

$$y = f(a - \delta) = M$$

E

$$y = f(a + \delta) = N$$

Para facilitar a compreensão, vamos tomar um caso especial em que M=N. Sendo assim, graficamente, podemos demonstrar que a medida que a abcissa variável x aproxima-se da abcissa a por ambos os lados, os valores correspondentes no eixo das ordenadas tornam-se infinitamente grandes em relação a M. Veja que o valor M funciona como parâmetro de magnitude.

Agora podemos enunciar a definição.

Dado uma função f(x) definida no intervalo aberto $(a - \delta; a + \delta)$, então o limite

$$\lim_{x \to a} f(x) = \infty$$

Significa que tomando $y = f(a \pm \delta) = M$ e $\delta > 0$, se $0 < |x - a| < \delta$ então

$$f(x) > M$$

Dado uma função f(x) definida no intervalo aberto $(a - \delta; a + \delta)$, então o limite

$$\lim_{x \to a} f(x) = -\infty$$

Significa que tomando $y = f(a \pm \delta) = M$ e $\delta > 0$, se $0 < |x - a| < \delta$ então

$$f(x) < M$$

1.8 Continuidade

Na seção 1.2, quando tratei de limites laterais, acebei por enunciar que a diferença entre os limites laterais poderia apontar uma descontinuidade na função. Mas qual é a definição de continuidade em um ponto? A definição de descontinuidade em um ponto depende, justamente, da existência do limite no ponto. Assim, podemos formalmente enunciar que

Dado uma função f(x), ela é dita contínua no ponto de abcissa a se

$$\lim_{x \to a} f(x) = f(a)$$

Isto é, se o limite da ordenada f(x), quando a abcissa variável x se aproxima de a for a ordenada correspondente f(a).

Essa definição implica que o limite exista e que a abcissa *a* esteja no domínio de f(x).

Isto é, para a definição ser verdadeira ela dever satisfazer os seguintes pontos:

1) f(a) deve estar definida no domínio na função
2) Os limites laterais existem
3) A igualdade da definição deve ser verdadeira

Podemos estender, ponto a ponto, essa definição de continuidade afim de cobrir um certo intervalo do domínio da função. Portanto, uma função f(x) é contínua em um intervalo se todos os pontos desse intervalo forem contínuos. E escrevemos,

$$\lim_{x \to x_i} f(x) = f(x_i)$$

A propriedade de continuidade se estende a funções resultantes de operações entre funções contínuas. Disso, tiramos as seguintes propriedades

Dado as funções contínuas f(x) e g(x), e a constante k, as seguintes funções também são contínuas

1) f(x) + g(x)
2) f(x) – g(x)
3) k*f(x)
4) k*g(x)
5) f(x)*g(x)
6) f(x)/g(x)

Existe uma lista de funções algébricas que são contínuas em todos os pontos de seu domínio. Elas constituem a base funcional que iremos manipular com derivações, pois apresentam regras gerais e bem definidas. Podemos listar as seguintes funções que satisfazem essa propriedade:

Polinômios

$$p(x) = \sum_{n=1}^{n} k_n x^n$$

Funções raízes

$$r(x) = \sqrt[m]{x^n}$$

Funções racionais

$$Q(x) = \frac{\sum_{n=1}^{n} k_n x^n}{\sum_{m=1}^{m} k_m x^m}$$

Funções trigonométricas

$$s(x) = sen(x)$$

$$c(x) = \cos(x)$$

$$\frac{1}{sen(x)} = cossec(x)$$

$$\frac{1}{\cos(x)} = \sec(x)$$

Funções trigonométricas inversas

$$s^{-1}(x) = arcsen(x)$$

$$c^{-1}(x) = \arccos(x)$$

Funções exponenciais

$$e(x) = a^x$$

Funções logarítmicas

$$l(x) = \log_a x$$

1.9 Limite no infinito e assíntotas verticais

Os limites no infinito são queles em que a ordenada f(x) se aproxima de um limite γ, quando a abcissa variável x se aproxima de um valor arbitrariamente grande. A definição precisa do limite no infinito é a seguinte.

Dado uma função f(x) definida no intervalo aberto $(a; \infty)$, então

$$\lim_{x \to \infty} f(x) = \gamma$$

Significa que para todo número $\varepsilon > 0$, existe uma reta vertical $x = M$ tal que se $x > M$ então o limite pertence ao intervalo $|f(x) - \gamma| < \varepsilon$

Dado uma função f(x) definida no intervalo aberto $(-\infty; a)$, então

$$\lim_{x \to -\infty} f(x) = \gamma$$

Significa que para todo número $\varepsilon > 0$, existe uma reta vertical $x = -M$ tal que se $x > |M|$ então o limite pertence ao intervalo $|f(x) - \gamma| < \varepsilon$

Todo limite no infinito está associado uma reta assintótica paralela ao eixo das abcissas, nomeamos essa reta como assíntota horizontal.

Dado uma função f(x), com limite no infinito igual a γ, então a equação da assíntota horizontal é

$$y(x) = \gamma$$

1.9.1 Assíntota oblíqua

A assíntota oblíqua é uma reta assintótica inclinada. Dado uma função f(x), a equação dessa assíntota é dada por

$$y(x) = \left(\lim_{x \to \pm\infty} \frac{f(x)}{x} \right) x + (\lim_{x \to \pm\infty} f(x) - mx)$$

Tal que

$$\lim_{x \to \pm\infty} \frac{f(x)}{x} = \lim_{x \to \pm\infty} \frac{mx + q}{x} = m$$

E

$$\lim_{x \to \pm\infty} f(x) - mx = \lim_{x \to \pm\infty} mx + q - mx = q$$

Capítulo 2) Derivadas

2.1 Taxas de variação

Taxa de variação é o nome dado ao quociente de diferenças. Um exemplo comum de taxa de variação na geometria é a inclinação da reta secante. Como vimos na introdução deste livro, dado uma função f(x) e um ponto arbitrário de abcissa *a*, a inclinação da reta secante a f(x) que passa por *a* é dada por

$$\frac{f(x)-f(a)}{x-a}=\frac{\Delta f}{\Delta x}$$

Aqui a letra delta fora empregada para enfatizar a operação de diferença.

Outro exemplo famoso de taxa de variação no campo da cinemática é a velocidade média. Neste caso, tratamos de taxas de variação temporais, ou seja, que indicam mudança. Dado uma partícula em movimento unidimensional ao longo do eixo x, sua velocidade média é dada por

$$v=\frac{\Delta x}{\Delta t}$$

Se essa mesma partícula possuir aceleração, podemos representa-la por outra taxa de variação:

$$a=\frac{\Delta v}{\Delta t}$$

Agora vamos generalizar a forma de uma taxa de variação para funções de uma variável. Dado uma função f(x) e um ponto arbitrário de abcissa a, suponhamos que a abcissa *a* sofra um incremento *a+h*, em que h é um número. Então podemos escrever a taxa de variação correspondente a esse incremento h, como sendo

$$t(a+h) = \frac{f(a+h) - f(a)}{h}$$

Pela definição anterior vemos que a função “taxa” t está diretamente em função do incremento h. Essa é a forma generalizada da função taxa de variação para funções de uma variável. Iremos utilizá-la na seção para definir o conceito de derivada para funções de uma variável.

2.2 Conceito de derivada

Nomeamos de derivada de uma função de uma variável independente a função taxa de variação com incremento infinitesimal. Ou seja, para obter um incremento infinitesimal, aplicamos um limite a função taxa de variação e fazemos com que a variável independente se aproxime arbitrariamente de zero. No fim das contas, a derivada é um caso especial de limite de uma função. Fazendo uso das propriedades do limite, podemos estabelecer a seguinte definição precisa de uma derivada

> Dado a função taxa de variação de uma função f(x), a derivada em um ponto de abcissa a é dada pelo limite
>
> $$f'(a) = \lim_{h \to 0} t(a+h) = \lim_{h \to 0} \frac{f(a+h) - f(a)}{h}$$

Do ponto de vista conceitual, aplicar a derivada a uma função f(x), significa criar uma função taxa de variação para f(x) e depois aplicar o limite da definição. Vamos aplicar isso as taxas de variação da seção anterior. No caso da inclinação da reta secante temos que

$$m(x) = \frac{f(x) - f(a)}{x - a}$$

Seja $x = a + h$, então

$$m(a+h) = \frac{f(a+h) - f(a)}{h}$$

Então a derivada dessa função taxa de variação é

$$m_s = \lim_{h \to 0} \frac{f(a+h) - f(a)}{h}$$

Essa é a inclinação da reta tangente.

Agora vamos aplicar o conceito de derivada a velocidade média.

$$v(t) = \frac{\Delta x}{\Delta t} = \frac{x(t) - x(t_0)}{t - t_0}$$

Seja $t = k + t_0$, então a função de velocidade média fica na forma

$$v(k + t_0) = \frac{x(k + t_0) - x(t_0)}{k}$$

Agora que a velocidade média está em função do incremento, vamos aplicar a derivada para tornar a taxa de variação infinitesimal

$$x'(t_0) = \lim_{k \to 0} v(k + t_0) = \lim_{k \to 0} \frac{x(k + t_0) - x(t_0)}{k}$$

Esse limite é a velocidade instantânea da partícula.

Para a aceleração média o raciocínio é semelhante, se repetirmos o procedimento da velocidade chegaremos a seguinte derivada

$$v'(t_0) = \lim_{k \to 0} a(k + t_0) = \lim_{k \to 0} \frac{v(k + t_0) - v(t_0)}{k}$$

Essa derivada é a aceleração instantânea da partícula.

Note que nessas duas últimas derivadas há algo em particular: A derivada da posição é a velocidade, e a derivada da velocidade é a aceleração. Isso não é coincidência. Mais adiante, veremos que esse é um caso de derivadas sequenciais. Esse processo de derivação parece ser árduo para os cálculos, mas felizmente, ao aplicarmos essa definição as principais funções algébricas, criam-se padrões de derivação que podem ser aplicados convenientemente.

Ainda podemos definir o conceito derivada em um ponto de dois modos equivalentes:

$$f'(a) = \lim_{x \to a} \frac{f(x) - f(a)}{x - a}$$

Ou

$$f'(a) = \lim_{\Delta x \to 0} \frac{\Delta f}{\Delta x}$$

Exercícios

1) Calcule a derivada da função espaço-temporal $x(t) = v_0t + \frac{1}{2}at^2$ no tempo $t = t_0$ utilizando-se da definição de derivada em termos do limite.

2) Calcule a derivada da função velocidade $v(t) = at$ no tempo $t = t_0$, fazendo uso da definição de derivada em termos do limite.

3) Calcule a derivada do volume de uma esfera de raio r utilizando a definição de derivada.

Observação: $V(r) = \frac{4}{3}\pi r^3$

4) Calcule a derivada da área de um círculo de raio r utilizando a definição de derivada.

Observação: $A(r) = \pi r^2$

5)Calcule a derivada do polinômio $p(x) = ax^2 + bx + c$ no ponto $x = x_0$, utilizando-se da definição de derivada.

6)Calcule a derivada do polinômio $p(x) = ax^3 + bx^2 + cx + d$ no ponto $x = x_0$, utilizando-se da definição de derivada

2.3 A função derivada

A função derivada é o limite de uma função taxa de variação, em que a abcissa do ponto de derivação é variável. Em termos algébricos, temos que

$$f'(x) = \lim_{h \to 0} \frac{f(x+h) - f(x)}{h}$$

Nesse sentido, a definição dada na seção anterior é um caso particular da função derivada, em que x=*a*. Podemos extrair uma propriedade de continuidade da existência da derivada em um ponto, pois da derivada a condicionada a existência de um limite.

Teorema: Se a função f(x) é derivável no ponto x=a, então ela é continua no ponto de abcissa a

2.4 Notações de derivada

Em essência, a derivação é uma operação ou procedimento que se aplica a uma função. Nesse sentido, ao longo da história, foram desenvolvidas e utilizadas diversas notações para a derivada de uma função. Atualmente, as mais utilizadas são as notações de Newton e Leibniz.

Notação Newtoniana

$$f'(x) = y'$$

Notação de Leibniz

$$\frac{dy}{dx} = \frac{df}{dx} = \frac{d}{dx}f(x)$$

A notação de Leibniz apresenta algumas peculiaridades. A partir dela podemos criar uma definição equivalente para a função derivada, que fica do seguinte modo

$$\frac{dy}{dx} = \lim_{\Delta x \to 0} \frac{\Delta y}{\Delta x}$$

Nessa definição, podemos enxergar um significado físico para a notação de Leibniz. Em que, dy seria um elemento infinitesimal de y e dx seria um elemento infinitesimal de x. A notação de Leibniz também permite endereçar a aplicação da função derivada para um valor de abcissa. Por exemplo, suponha que queiramos aplicar a função derivada em uma função f(x) no ponto de abcissa a. Então escrevemos

$$\left.\frac{df}{dx}\right|_{x=a}$$

A notação de Leibniz permite com facilidade a representação de derivadas sequencias. Chamamos de ordem o número sequencial da derivada. Por exemplo, para obter-se uma derivada de ordem 2 derivamos duas vezes. Genericamente, dado uma função f(x) derivável n vezes, a derivada de prdem n é da forma $\frac{d^n f}{dx^n}$.

Capítulo 3: Regras de derivação

3.1 Derivadas das funções algébricas

Nesta seção, iremos listar as regras de derivação das principais funções algébricas. Fique posto que essas regras constituem resultado da aplicação do conceito de derivada como limite estabelecido no Capítulo 2.

Derivada da constante

$$\frac{d}{dx}(k) = 0$$

Derivada da função potência

$$\frac{d}{dx}(x^n) = nx^{n-1}, n \neq 0$$

Derivada de um elemento polinomial

$$\frac{d}{dx}(kx^n) = k\frac{d}{dx}(x^n) = knx^{n-1}$$

Derivada da função raiz

$$\frac{d}{dx}\left(\sqrt[m]{x^n}\right) = \frac{d}{dx}\left(x^{\frac{n}{m}}\right) = \frac{n}{m} * x^{\frac{n}{m}-1}$$

Derivada de uma função exponencial

$$\frac{d}{dx}(a^x) = a^x lna$$

Caso especial:

$$\frac{d}{dx}(e^x) = e^x lne = e^x$$

Derivada de uma função logarítmica

$$\frac{d}{dx}(\log_a x) = \frac{1}{xlna}$$

Caso especial:

$$\frac{d}{dx}(lnx) = \frac{1}{xlne} = \frac{1}{x}$$

Derivada de funções trigonométricas

$$\frac{d}{dx}(senx) = \cos x$$

$$\frac{d}{dx}(cosx) = -sen\ x$$

$$\frac{d}{dx}(tanx) = sec^2 x$$

$$\frac{d}{dx}(cossecx) = -cossecx * cotgx$$

$$\frac{d}{dx}(\sec x) = \sec x * tgx$$

$$\frac{d}{dx}(cotg\ x) = -cossec^2 x$$

Uma observação importante que facilitaria a fixação da regra de derivada da função seno: derivar a função seno, sequencialmente, é o mesmo que ir de eixo em eixo do círculo trigonométrico, caminhando do sentido horário. O mesmo se aplica a função cosseno. Vejamos

$$sen\ x \rightarrow \cos x \rightarrow -sen\ x \rightarrow -\cos x \rightarrow \quad senx$$

$$\cos x \rightarrow -sen\ x \rightarrow -\cos x \rightarrow \quad sen\ x \rightarrow \cos x$$

Derivada de trigonométricas inversas

$$\frac{d}{dx}(sen^{-1}x) = \frac{1}{\sqrt{1-x^2}}$$

$$\frac{d}{dx}(cos^{-1}x) = -\frac{1}{\sqrt{1-x^2}}$$

$$\frac{d}{dx}(tg^{-1}x) = \frac{1}{1+x^2}$$

$$\frac{d}{dx}(cossec^{-1}x) = -\frac{1}{x\sqrt{x^2-1}}$$

$$\frac{d}{dx}(sec^{-1}x) = \frac{1}{x\sqrt{x^2-1}}$$

$$\frac{d}{dx}(cotg^{-1}x) = -\frac{1}{1+x^2}$$

Exercício 1: Demonstre as regras de derivação listadas utilizando a definição de derivada em termos do limite.

3.2 Regras de Derivadas para operações

Distintas funções continuas relacionadas operacionalmente podem formar uma única função, de forma que para derivar uma função composta de outras partes por meio de operações, devemos aprender novas regras. Nesta seção, serão listadas as regras para derivar somas de funções contínuas, diferenças de funções contínuas, produto e quociente entre funções contínuas. Sabendo a derivada das funções particulares da seção anterior e aprendendo as regras desta seção, será possível derivar com facilidade uma ampla gama de funções.

A derivada da soma é a soma das derivadas

$$\frac{d}{dx}(f+g) = \frac{df}{dx} + \frac{dg}{dx}$$

A derivada da diferença é a diferença das derivadas

$$\frac{d}{dx}(f-g) = \frac{df}{dx} - \frac{dg}{dx}$$

Derivada do produto:

$$\frac{d}{dx}(fg) = f\frac{dg}{dx} + \frac{df}{dx}g$$

Derivada do quociente

$$\frac{d}{dx}\left(\frac{f}{g}\right) = \frac{g\frac{df}{dx} - f\frac{dg}{dx}}{g^2}$$

Exercícios

1) Demonstre a regra de derivada da soma de funções através da definição de derivada em termos do limite.

2) Derive as funções:

a) $f(x) = x^3 + x^2 + ax$

b) $f(x) = \frac{1}{x^2}$

c) $f(x) = x^6 + \sqrt[3]{x}$

d) $g(x) = \frac{\sqrt[5]{x^2}}{\sqrt[2]{x^3}}$

Dica: Simplifique a função antes de deriva-la.

e) $h(x) = e^x * a^x$

f) $h(x) = e^x * a^x * b^x$

g) $f(x) = e^{2x}$

h) $f(x) = e^{3x}$

i) $g(x) = \frac{e^x}{a^x}$

j) $g(x) = \frac{e^x}{a^x b^x}$

k) $l(x) = e^x * \log_a x$

l) $l(x) = \frac{e^x * \log_a x}{\ln x}$

m) $t(x) = sinxcosb + cosxsinb$

n) $t(x) = \frac{\sec(x) * tg(x)}{\sec(x) * cossec(x)}$

o) $i(x) = arcsenx * cotgx$

p) $i(x) = \frac{arcsenx}{\arccos x}$

3) Calcule, se existir, a segunda derivada das funções listadas no exercício 2.

4) Calcule, se existir, a terceira derivada das funções listadas no exercício 2.

3.3 Regra da cadeia

Existe uma regra especial de derivação para funções compostas, ela se faz através de uma sequência de derivadas. Por esse motivo ela é conhecida como regra da cadeia. A seguir vamos enuncia-la.

Dado uma função composta $h(x) = f(g(x))$,então sua derivada em relação a abcissa variável x fica na forma do seguinte encadeamento de derivadas

$$\frac{dh}{dx} = \frac{df}{dg} * \frac{dg}{dx}$$

Exercícios

1) Aplique a regra da cadeia para a função $i(t) = h\Big(f\big(g(t)\big)\Big)$

2) Aplique a regra da cadeia para função $f(x) = e^{lnx^2}$

3) Derive duas vezes a função $f(x) = lnx^2 + kx^3 + x^2$

4) Derive três vezes a função $x(t) = Acos(\omega t + \varphi)$.

5) Derive três vezes a função $s(t) = v_0 t + \frac{1}{2}at^2$

6) Derive a função $f(x) = e^{sen(lnx^2)} + cossec(\, tg\ e^x)$

7) Em um oscilador harmônico, a função horária do espaço é dada por

$$x(t) = Acos(\omega t + \varphi)$$

Encontre a velocidade e a aceleração desse sistema.

8) A equação de crescimento populacional é dada por $y(t) = y(0)e^{kt}$, determine a taxa de crescimento populacional $\frac{dy}{dt}$.

9) Uma esfera sofre expansão a uma taxa alpha, isto é, $\frac{dV}{dt} = \alpha$. Calcule a taxa de expansão do raio dessa esfera, sabendo que o volume da esfera é $V = \frac{4}{3}\pi r^3$

Observação: $\frac{dV}{dt} = \frac{dV}{dr} * \frac{dr}{dt}$. A esse tipo de problema damos o nome de taxas relacionadas. Eles são consequência da aplicação da regra da cadeia a funções compostas. Ou seja, as taxas relacionadas se originam da derivação de funções composta

3.4 Derivação implícita

Existem situações algébricas em que a ordenada y não pode ser explicitada em função da abcissa variável x na equação. Nesses casos, utilizamos um algoritmo para encontrar a derivada da função que está envolvida na função.

1) Aplica-se a derivada em relação a variável independente em ambos os lados da equação.
2) Isola-se o termo $\frac{dy}{dx}$

A seguir esse algoritmo será exemplificado de forma genérica. Dado uma equação $F(x,y) = G(x,y)$, apliquemos a derivada de ambos os lados

$$\frac{d}{dx}F(x,y) = \frac{d}{dx}G(x,y)$$

$$f(x,y) + k\frac{dy}{dx} = g(x,y) + q\frac{dy}{dx}$$

$$\frac{dy}{dx} = \frac{g(x,y) - f(x,y)}{k - q}$$

Outra metodologia para a derivação implícita chama-se derivação logarítmica. Nela, utilizamo-nos do logaritmo natural como recurso de facilitação da derivação. O algoritmo é o seguinte

1) Tome o logaritmo natural em ambos os lados da equação
2) Derive implicitamente em relação a x
3) Isole y'

Exercícios

1) Aplique a derivação implícita as equações seguintes:

a)$seny * x^2 = y * lnx$

b)$lny * e^x = y^3 * x^3$

c)$tg(x) * y = \log_a y * x^2$

Capítulo 4: Aplicações da derivada

4.1 Máximo e mínimo de uma função

No estudo das funções algébricas, podemos nos interessar pelos pontos de máximo e mínimo valor de uma função. Em questões aplicadas, é muito útil saber o valor que irá maximizar ou minimizar um modelo. A questão de máximo e mínimo também é relativa ao intervalo em que o estudo está sendo dirigido. Por isso, em uma mesma função, podem existir máximos e mínimos locais, como também, máximo e mínimo absoluto. Mas como encontrar esses pontos? Para essa questão, as ferramentas do cálculo diferencial nos auxiliam, delimitando os possíveis pontos de mínimo e máximo. Esse é um princípio de um algoritmo. Mas primeiro, vamos definir o que é um ponto absoluto e um ponto local.

Dado um ponto de abcissa c pertencente ao domínio de uma função f(x), podemos dizer que:

Se $f(c) > f(x)$ para todo o domínio da função f(x), então f(c) é um ponto de máximo absoluto.

Agora se $f(c) < f(x)$ para todo o domínio da função f(x), então f(c) é um ponto de mínimo absoluto.

A definição dos pontos locais está sujeita a intervalos do domínio da função. Assim podemos defini-los do seguinte modo

Dado um ponto de abcissa variável c que pertence a um ao conjunto A, tal que $A \subset D$ e D é o domínio da função f(x). Então se

$f(c) > f(x)$ para todo $x \in A$, o ponto de abcissa c é máximo local.

Agora se, $f(c) > f(x)$ para todo $x \in A$, o ponto de abcissa c é mínimo local.

Tratando-se de intervalos fechados, podemos garantir que a função terá pontos absolutos, pois os próprios pontos dos extremos do intervalo são candidatos. Podemos fazer uma analogia com uma corda presa em ambos extremos. De qualquer modo que a deixarmos ondulada, ainda teremos um ponto de máximo e mínimo. Para essa propriedade podemos enunciar um teorema:

Dado uma função f(x) contínua definida em um intervalo fechado [a,b], então existe um ponto f(c) de máximo absoluto e um ponto f(d) mínimo absoluto, tal que $c, d \in [a, b]$.

E se o intervalo não for fechado? Nessa situação, em vez de procurarmos pontos absolutos, procuramos por pontos locais. Felizmente, em um dos teoremas de Fermat que nos foi legado temos um guia de solução. É uma ideia simples, quando a função assume um mínimo ou máximo local, a reta tangente é horizontal e logo não apresenta inclinação. Portanto, a derivada se anula.

Teorema de Fermat: Se f tiver um máximo ou mínimo local em um ponto de abcissa c e se $f'(c)$ existe, então $f'(c) = 0$

Tendo em mente os teoremas anteriores, podemos elaborar nosso algoritmo para encontrar pontos de máximo e mínimo absolutos em intervalos fechados.

1) Encontre os pontos em que a primeira derivada se anula (pontos críticos)

2) Compare o valor dos extremos do intervalo com o valor dos pontos encontrados no passo 1.

Exercícios

1) Encontre o ponto de mínimo absoluto da função $f(x) = ax^2 + bx + c$

2) Encontre o ponto de máximo absoluto da função $f(x) = -ax^2 + bx + c$

3) Determine os pontos de máximo e mínimo absoluto da função $f(x) = x^3$ no intervalo fechado [-1;1]

4) Determine os pontos de máximo e mínimo absoluto da função $f(x) = -x^3$ no intervalo fechado [-1;1]

4.2 Teorema de Rolle

O teorema de Rolle é um conjunto de condições que garantem a existência de um ponto onde a derivada da função se anula em um determinado intervalo do domínio da função. Podemos enuncia-lo da seguinte maneira:

Dado uma função f(x) que satisfaça as seguintes condições:

1) f(x) é contínua no intervalo fechado [a;b]

2) f(x) é derivável no intervalo (a;b)

3) f(a)=f(b)

Então, existe um ponto de abcissa c pertencente ao intervalo (a,b), tal que $f'(c) = 0$

4.3 Teorema do valor médio

O teorema do valor médio enuncia que seguindo as duas primeiras condições do Teorema de Rolle, existirá um ponto arbitrário dentro de um intervalo fechado de uma função, tal que a derivada nesse ponto é igual a inclinação da reta tangente que passa pelos dois pontos do extremo do intervalo fechado. Ou seja, existirá uma reta tangente com a mesma inclinação que a reta secante aos extremos do intervalo.

Dado uma função f(x) contínua no intervalo fechado [a,b] e derivável no intervalo aberto (a,b), então existe um ponto de abcissa c pertencente ao intervalo (a;b), tal que

$$f'(c) = \frac{f(b) - f(a)}{b - a}$$

Logo formamos a equação da reta

$$f(b) - f(a) = f'(c)(b - a)$$

Exercícios

1) Dado a função $f(x) = ax^2 + bx + c$ definida em um intervalo [a;b], encontre o ponto de abcissa c que satisfaça a equação da reta $f(b) - f(a) = m(b - a)$.

2) Dado a função $f(x) = ax^3$ definida em um intervalo [a;b], encontre o ponto de abcissa c que satisfaça a equação da reta $f(b) - f(a) = m(b - a)$.

3) Dado a função $f(x) = e^x$ definida em um intervalo [a:b], sabendo que o ponto de abcissa c satisfaz a equação da reta $f(b) - f(a) = m^2(b - a)$.Encontre o valor de m.

4.4 Formatos gráficos

Geometricamente, as derivadas de primeira e segunda ordem de uma função determinam o formato do gráfico de uma função. Isso porque, a primeira derivada da função representa a taxa de crescimento ou decrescimento de uma função em um determinado ponto. Se aplicarmos a derivada a cada ponto sucessivo, a orientação das retas tangente aproxima a orientação de crescimento ou decrescimento da função. Logo, se para um determinado intervalo $\frac{dy}{dx} > 0$ então a função y(x) está crescendo, agora se $\frac{dy}{dx} < 0$ a função está decrescendo.

Já a derivada de segunda ordem representa se a primeira derivada está crescendo ou diminuindo no intervalo. Determinando, assim, a concavidade da função. Podemos listar os seguinte casos

$\frac{dy}{dx} > 0\ e\ \frac{d^2y}{dx^2} > 0$: crescente com concavidade para cima
$\frac{dy}{dx} > 0\ e\ \frac{d^2y}{dx^2} < 0$: crescente com concavidade para baixo
$\frac{dy}{dx} < 0\ e\ \frac{d^2y}{dx^2} > 0$: decrescente com concavidade para cima
$\frac{dy}{dx} < 0\ e\ \frac{d^2y}{dx^2} > 0$: decrescente com concavidade para baixo

Sabendo dessas propriedades podemos construir um algoritmo para esboçar curvas.

1) Definir o domínio da função
2) Definir as intersecções da função com os eixos
3)Definir as assíntotas
4) Definir os intervalos de crescimento e decrescimento (primeira derivada)
5) Definir os Pontos de máximo e mínimo
6) Determinar os intervalos de concavidade (segunda derivada)
7) Esboçar a curva

Capítulo 5: Derivadas parciais

5.1 Funções de múltiplas variáveis

Neste capítulo, iremos expandir os conceitos aplicados ao cálculo de funções de uma variável para funções de várias variáveis, isto é, funções com mais de uma variável independente.

Funções de várias variáveis apresentam diversas representações: Algébrica, tabelas, gráficos, curvas de nível, entre outras. Aqui, focaremos, prioritariamente, na álgebra dessas funções. A notação algébrica de uma função de três variáveis independentes pode ser escrita do seguinte modo

$$f(x, y, z)$$

Para uma função de n variáveis independentes, denotamos cada variável por um índice.

$$f(u_1, u_2, u_3, \dots, u_n)$$

5.2 Limites de funções de várias variáveis

A diferença básica para os limites no cálculo de uma variável é que agora existe mais de uma abcissa variável tendendo a abcissas fixas diferentes. Por exemplo dado uma função f(x,y) o limite

$$\lim_{(x,y)\to(a,b)} f(x, y) = \gamma$$

Significa que o limite de f(x,y), quando o par ordenado (x,y) variável se aproxima arbitrariamente no par ordenado (a,b) é γ.

Ademais, as mesmas regras de cálculo do limite das funções de uma variável se estendem aos limites de mais de uma variável. Fixemos essa ideia nos exercícios dessa seção.

Exercícios

1) Calcule os seguintes limites:

a) $\lim_{(x,y)\to(a,b)} x^2 + my^2$

b) $\lim_{(x,y)\to(a,b)} e^x y + xyln x^2$

c) $\lim_{(x,y)\to(1,1)} \frac{x^2-y^2}{x-y}$

d) $\lim_{(x,y)\to(2,1)} \frac{x^2-y^2}{x-y}$

5.3 Continuidade

Dado uma função f(x,y) definida no domínio D, ela é dita contínua no intervalo (a;b) pertencente ao domínio D se

$$\lim_{(x,y)\to(a,b)} f(x,y) = f(a,b)$$

Essa condição enunciada é análoga para funções de mais variáveis.

5.4 Derivadas parciais

Na prática, derivar uma função $f(x,y,z)$ em relação a x, significa tratar x como variável e y e z como constantes. Nesse sentido estaríamos realizando uma "derivada parcial", como o próprio nome diz. O mesmo procedimento se aplica se queremos derivar f(x,y,z) em relação as outras variáveis. Nesse caso, para diferenciar de uma diferencial total (aquela que aplicamos a funções de uma variável), fazemos uso de uma notação diferente para diferenciação.

Dado uma função $f(x,y,z)$, a derivada parcial de f(x,y,z) em relação a x é denotada por

$$f_x = \frac{\partial f}{\partial x}$$

Dado uma função $f(x,y,z)$, a derivada parcial de f(x,y,z) em relação a y é denotada por

$$f_y = \frac{\partial f}{\partial y}$$

Dado uma função $f(x,y,z)$, a derivada parcial de f(x,y,z) em relação a z é denotada por

$$f_z = \frac{\partial f}{\partial z}$$

Dado uma função de n variáveis $f(u_1, u_2, u_3, \ldots, u_n)$, a derivada parcial em relação a u_i é denotada por

$$\frac{\partial f}{\partial u_i}$$

Tomemos algumas funções como exemplo para aplicação das derivadas parciais

Exemplo 1: Dado a função $f(x,y,z) = x^2y^3z^2$, apliquemos as derivadas parciais.

$$\frac{\partial f}{\partial x} = \frac{\partial}{\partial x}(x^2y^3z^2) = 2xy^3z^2$$

$$\frac{\partial f}{\partial y} = \frac{\partial}{\partial y}(x^2y^3z^2) = 3x^2y^2z^2$$

$$\frac{\partial f}{\partial z} = \frac{\partial}{\partial z}(x^2y^3z^2) = 2x^2y^3z$$

Exemplo 2: Dado uma função $f(x,y,z,t) = t^2 + x^2 + y^2 + z^2$, apliquemos as derivadas parciais

$$\frac{\partial f}{\partial x} = \frac{\partial}{\partial x}(t^2 + x^2 + y^2 + z^2) = 2x$$

$$\frac{\partial f}{\partial y} = \frac{\partial}{\partial y}(t^2 + x^2 + y^2 + z^2) = 2y$$

$$\frac{\partial f}{\partial z} = \frac{\partial}{\partial z}(t^2 + x^2 + y^2 + z^2) = 2z$$

$$\frac{\partial f}{\partial t} = \frac{\partial}{\partial t}(t^2 + x^2 + y^2 + z^2) = 2t$$

Exercícios

1) Faça a derivada parcial em relação a x e a y nas funções seguintes:

a)$f(x,y) = xy$

b)$f(x,y) = x^2e^{2y}$

c)$f(x,y) = y^2 lnx + x^3$

d)$f(x,y) = \sqrt{x^2 + y^2}$

e)$f(x,y) = \frac{x^2}{a} + \frac{y^2}{b} - 1$

2) Faça a derivada parcial em relação a x, y e z das seguintes funções:

a)$f(x,y,z) = xyz$

b)$f(x,y,z) = x^2y + z^2$

5.5 Derivadas de ordens superiores

Assim como para as derivadas totais, pode-se aplicar a derivada parcial mais de uma vez na função. Sendo assim, formamos derivadas de ordens superiores.

Dado uma função f derivável n vezes, enésima derivada parcial em relação a variável u_i é notabilizada na forma

$$\frac{\partial^n f}{\partial {u^n}_i}$$

Existe a situação em que derivamos sequencialmente, porém em relação a variáveis independentes diferentes.

Dado uma função $f(x,y)$, ao derivarmos f em relação a x e depois em relação a y, notabilizamos que

$$\frac{\partial^2 f}{\partial y \partial x}$$

5.6 Diferenciais

Os diferenciais são elementos infinitesimais de variação que podem ser escritos em função de outros elementos de variação infinitesimal.

Dado uma função z(x,y), seu diferencial total pode ser do seguinte modo

$$dz = \frac{\partial z}{\partial x} dx + \frac{\partial z}{\partial y} dy$$

5.7 Regra da cadeia (versão várias variáveis)

A regra de diferenciação de funções compostas com várias variáveis é distinta daquela que envolve somente diferenciais totais que vimos na seção 3.3. Na prática, a principal diferença é que desta vez várias variáveis independentes são funções de outros parâmetros, enquanto na seção 3.3 somente uma variável independente é função de um outro único parâmetro.

Dado uma função composta $f(x(t), y(t))$, a derivada parcial de f em relação t fica do seguinte modo

$$\frac{df}{dt} = \frac{\partial f}{\partial x}\frac{dx}{dt} + \frac{\partial f}{\partial y}\frac{dy}{dt}$$

Se as variáveis independentes da função forem funções que dependem de mais de um parâmetro, então temos outra versão da regra da cadeia que envolve apenas diferenciais parciais.

Dado uma função composta $f\big(x(t,r),y(t,r)\big)$, a derivada parcial de f em relação a t fica na forma

$$\frac{\partial f}{\partial t}=\frac{\partial f}{\partial x}\frac{\partial x}{\partial t}+\frac{\partial f}{\partial y}\frac{\partial y}{\partial t}$$

Já a derivada parcial de f em relação a r fica do seguinte modo

$$\frac{\partial f}{\partial r}=\frac{\partial f}{\partial x}\frac{\partial x}{\partial r}+\frac{\partial f}{\partial y}\frac{\partial y}{\partial r}$$

Vamos aplicar essas regras a alguns exemplos para maior entendimento.

Exemplo 1: Vamos derivar a função $f\big(x(t),y(t)\big)=x^2+y^2$, tal que

$x(t)=\ln(t^2)$ e $y(t)=t^3$. Basta seguir a regra

$$\frac{df}{dt}=\frac{\partial f}{\partial x}\frac{dx}{dt}+\frac{\partial f}{\partial y}\frac{dy}{dt}$$

$$\frac{df}{dt}=(2x)*\left(\frac{2}{t}\right)+(2y)*(3t^2)$$

$$\frac{df}{dt}=4*\frac{x}{t}+6yt^2$$

Substituindo x e y na equação anterior, temos que

$$\frac{df}{dt}=4*\frac{\ln(t^2)}{t}+6t^3t^2$$

$$\frac{df}{dt}=4*\frac{\ln(t^2)}{t}+6t^5$$

Exemplo 2: Dado uma função $f(x(t), y(r)) = xy$ vamos derivar f em relação a t e a r, tal que x(t)= t² e y(r)=r³.

$$\frac{\partial f}{\partial t} = \frac{\partial f}{\partial x}\frac{dx}{dt}$$

$$\frac{\partial f}{\partial t} = y * (2t) = 2tr^3$$

$$\frac{\partial f}{\partial r} = \frac{\partial f}{\partial y}\frac{dy}{dr}$$

$$\frac{\partial f}{\partial r} = x * (3r^2) = 3r^2t^2$$

Exercícios

1) Aplique a regra da cadeia a seguinte lista de funções:

a) $f(x(t), y(t)) = yln(x)$, tal que $y(t) = t^3$ e $x(t) = e^t$

b)$f(x(t), y(r)) = x^3y^2$, tal que $y(t) = \ln(r^2)$ e $x(t) = t^2$

c) $f(x(t,r), y(t)) = \ln(x)\, y^2$, tal que $y(t) = t^3$ e $x(t,r) = t * r$

d)$f(x(t,r), y(t,r) = e^x e^y$, tal que $y(t) = r^2 + t^2$ e $x(t) = r^{2t}$

5.8 Derivação implícita

Dado uma equação na forma $F(x, y) = 0$, podemos deduzir a regra de derivação implícita aplicando a regra da cadeia. E fica no formato

$$\frac{\partial f}{\partial x}\frac{dx}{dx} + \frac{\partial f}{\partial y}\frac{dy}{dx} = 0$$

$$\frac{dy}{dx} = -\frac{\frac{\partial f}{\partial x}}{\frac{\partial f}{\partial y}} = -\frac{F_x}{F_y}$$

De forma geral, para duas variáveis arbitrárias $u_1 \; e \; u_2$, a derivação implícita fica na forma

$$\frac{\partial u_2}{\partial u_1} = -\frac{\frac{\partial F}{\partial u_1}}{\frac{\partial F}{\partial u_2}}$$

Façamos um exemplo de fixação.

Exemplo 1: Dado a equação $xy^2 = \ln(x)$, vamos derivar implicitamente em relação a x.

$$F(x,y) = xy^2 - \ln(x) = 0$$

Aplicando a regra da cadeia a F(x,y), temos que

$$\frac{\partial f}{\partial x}\frac{dx}{dx} + \frac{\partial f}{\partial y}\frac{dy}{dx} = 0$$

$$\frac{\partial}{\partial x}(xy^2 - \ln(x)) + \frac{\partial}{\partial y}(xy^2 - \ln(x))\frac{dy}{dx} = 0$$

$$y^2 - \frac{1}{x} + 2xy * \frac{dy}{dx} = 0$$

$$\frac{dy}{dx} = \frac{\frac{1}{x} - y^2}{2xy}$$

Note que esse é o mesmo resultado caso apliquemos a regra diretamente.

$$\frac{dy}{dx} = -\frac{\frac{\partial f}{\partial x}}{\frac{\partial f}{\partial y}} = -\frac{F_x}{F_y}$$

$$\frac{dy}{dx} = -\frac{y^2 - \frac{1}{x}}{2xy}$$

Exercícios

1)Aplique a regra de derivação implícita para as seguintes equações

a)$F(x,y) = \ln(xy) - xy^2 = 0$

b)$F(x,y) = \frac{1}{x} + senxcosy = 0$

c)$F(x,y,z) = xz^2 + lnz + y^3 = 0$

Dica: Defina a variável com a qual se quer derivar. Em seguida, aplique a regra da cadeia.

5.9 Derivada direcional

A derivada direcional é uma generalização da definição de derivadas parciais. Isso porque, dado uma função f(x,y) definimos a derivada direcional no ponto (x_0, y_0) como a taxa de variação da função f(x,y) na direção de um vetor <a,b>, e escrevemos

$$D_u f(x_0, y_0) = \lim_{h \to 0} \frac{f(x_0 + ah, y_0 + bh) - f(x_0, y_0)}{h}$$

Esse limite significa a taxa de variação do par ordenado, portanto implica em duas derivadas parciais. No entanto, elas estão projetadas na direção no vetor <a,b>. Nesse sentido, podemos escrever esse limite como sendo equivalente ao seguinte produto escalar

$$D_u f(x_0, y_0) = < f_x, f_y > \cdot < a, b >.$$

Podemos tornar a derivada direcional uma função, basta permitirmos o par ordenado (x_0, y_0) variar pelos pontos do domínio. Assim, escrevemos a função derivada na direção do vetor <a,b> como sendo

$$D_u f(x, y) = < f_x, f_y > \cdot < a, b >$$

$$D_u f(x, y) = f_x a + f_y b$$

Existe um operador associado a derivadas parciais: o operador gradiente. Ele é um vetor, e é definido em coordenadas cartesianas como sendo

$$\nabla = \frac{\partial}{\partial x}\hat{\imath} + \frac{\partial}{\partial y}\hat{\jmath} + \frac{\partial}{\partial z}\hat{k}$$

Portanto, O gradiente de uma função f(x,y,z), fica no formato

$$\nabla f = \frac{\partial f}{\partial x}\hat{\imath} + \frac{\partial f}{\partial y}\hat{\jmath} + \frac{\partial f}{\partial z}\hat{k}$$

Podemos utilizar o gradiente de uma função para escrever a derivada direcional. Isso fica na forma

$$D_u f(x, y) = \nabla f \cdot u$$

Tal que u=<a,b>.

Exercícios

1)Calcule a derivada direcional das seguintes funções e relação ao vetor u=<1,2,3>:

a)$f(x, y, z) = xyz$

b)$f(x, y, z) = x^2 + y^2 + z^2$

c) $f(x, y, z) = \sqrt{x^2 + y^2 + z^2}$

d) $f(x, y, z) = \frac{x^2 y}{z}$

e) $f(x, y, z) = \frac{y ln(x^2)}{z}$

f)) $f(x, y, z) = z cos(xy) sen(xy)$

www.ingramcontent.com/pod-product-compliance
Ingram Content Group UK Ltd.
Pitfield, Milton Keynes, MK11 3LW, UK
UKHW061817190726
13853UKWH00007B/2204

9 786501 037417